农产品全产业链质量安全风险管控丛书

鲜食大豆全产业链质量安全风险管控手册

袁丽娟　张大文　主编

中国农业出版社

北　京

图书在版编目（CIP）数据

鲜食大豆全产业链质量安全风险管控手册 ／ 袁丽娟，张大文主编. —北京：中国农业出版社，2023.10
（农产品全产业链质量安全风险管控丛书）
ISBN 978−7−109−31175−6

Ⅰ．①鲜⋯ Ⅱ．①袁⋯ ②张⋯ Ⅲ．①大豆−产业链−质量管理−安全管理−手册 Ⅳ．①S565.1−62

中国国家版本馆CIP数据核字（2023）第189768号

中国农业出版社出版
地址：北京市朝阳区麦子店街18号楼
邮编：100125
责任编辑：郭　科
版式设计：杨　婧　　责任校对：吴丽婷　　责任印制：王　宏
印刷：北京缤索印刷有限公司
版次：2023年10月第1版
印次：2023年10月北京第1次印刷
发行：新华书店北京发行所
开本：787mm×1092mm　1/24
印张：$3\frac{1}{3}$
字数：43千字
定价：35.00元

编 辑 委 员 会

前　言

　　鲜食大豆又称菜用大豆，俗称毛豆。中国是世界上最早食用鲜食大豆的国家，已有千年以上的种植历史。据我国史料记载，鲜食大豆对人体有医疗保健作用。营养学家的研究表明，鲜食大豆富含优质的蛋白质，富含多种游离氨基酸和维生素，较易被人体吸收利用，对调节人类的膳食结构和改善营养状况具有重要作用。因为营养价值高，口感好，鲜食大豆被公认为当今少受污染的安全保健食品。

　　鲜食大豆的开发利用是一个新兴的产业，在实际生产中，要严格做好质量安全管控，以确保鲜食大豆的质量安全。如果没有做好质量安全管控，农药残留、重金属污染等可能给鲜食大豆的质量安全带来较大的风险隐患。这些风险隐患主要来自：鲜食大豆种植过程中农药使用不规范(超范围、超剂量或浓度、超次数使用农药，以及不遵守安全间隔期等)；土壤、肥料、灌溉水和空气中的铅、镉等重金属超标。这些风险隐患，一定程度上会制约鲜食大豆产业可持续发展。因此，鲜食大豆产业迫切需要先进适用的质量安全生产管控技术。在江西省现代农业产业技术体系（现代农业专项）：江西省豆类产业技术体系（JXARS-24-03）资助下，我们根据多年的研究成果和生产实践经验，编写了《鲜食大豆全产业链质量安全风险管控手册》。

　　本书遵循全程控制的理念，在品种选择、肥水管理、采收、产品检测、生产记录与产品追溯、分级、包装标识、田园清洁等环节提出了控制措施，以更好地推广鲜食大豆质量安全生产管控技术，保障鲜食大豆质量安全。本书在编写过程中，吸收了同行专家的研究成果，参考了国内有关文献资料，在此一并表示感谢。由于编者水平有限，疏漏与不足之处在所难免，敬请广大读者批评指正。

编　者

2023年3月

目 录

一、概　　述

大豆 [*Glycine max* （L.) Merr.] 是豆科（Fabaceae）大豆属（*Glycine*）的栽培种，是一年生草本植物。鲜食大豆是豆荚呈绿色、籽粒尚未达到完全成熟、生理上处于鼓粒盛期即采收用作蔬菜食用的大豆，又称菜用大豆，俗称毛豆。日本人称为"枝豆"。在国外多称为"菜大豆"。中国是世界上最早食用鲜食大豆的国

家，已有千年以上的种植历史。目前，中国是世界上最大的鲜食大豆生产国和出口国，主产区为江苏、浙江、福建等沿海地区。鲜食大豆不仅含有丰富的蛋白质，还含有不饱和脂肪酸、多种维生素（维生素A、维生素C、维生素E等）、植物纤维和各种矿物质，其含有的氨基酸种类齐全，并且容易被人体吸收利用，对于改善人们的营养状况和调节膳食结构有着极其重要的作用；同时具有医疗保健功效，对高血压、肥胖、高血脂、糖尿病等有预防和辅助治疗作用。鲜食大豆的口感和风味独特，被誉为美味且富有营养的绿色保健蔬菜，深受国内外消费者的喜爱，是重要的特粮特经高效作物。

二、鲜食大豆质量安全风险隐患

（一）农药残留

鲜食大豆在生产栽培过程中，常会遭受根腐病、胞囊线虫病、紫斑病、叶斑病、锈病、炭疽病、豆荚螟、甜菜夜蛾、食心虫、蚜虫、大造桥虫和天蛾等多种病虫危害，生产者往往会使用农药进行防治，而不科学使用农药可能会产生农药残留超标风险。

（二）重金属污染

鲜食大豆植株可以吸收土壤、肥料、空气和水中的重金属，如果不严格控制，水、土壤、肥料（特别是来自畜禽养殖的有机肥）中可能含有较多的重金属，成为鲜食大豆重金属污染的主要来源。

三、鲜食大豆安全生产四大关键技术

（一）基地选择

生产基地选择应符合相关法律法规、农业土地规划和环境保护要求。宜选择远离污染源，且排水良好、富含有机质、土层深厚、保水性强并具有可持续生产能力的农业生产区域。

　　土壤、水质检测应合格：灌溉水水质应符合 GB 5084—2021 的要求，土壤环境质量应符合 GB 15618—2018 的要求，空气质量应符合 GB 3095—2012 的要求，具体要求见表1至表3。

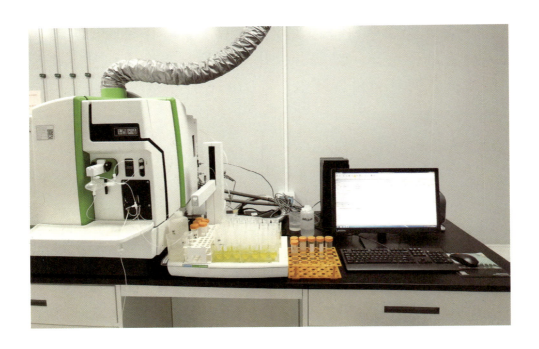

表1　农田灌溉水质基本控制项目限值
（GB 5084—2021）

序号	项目类别		作物种类		
			水田作物	旱地作物	蔬菜
1	pH		5.5 ~ 8.5		
2	水温（℃）	≤	35		
3	悬浮物（mg/L）	≤	80	100	60[a]，15[b]
4	五日生化需氧量（BOD_5）（mg/L）	≤	60	100	40[a]，15[b]
5	化学需氧量（COD_{Cr}）（mg/L）	≤	150	200	100[a]，60[b]
6	阴离子表面活性剂（mg/L）	≤	5	8	5
7	氯化物（以Cl^-计）（mg/L）	≤	350		
8	硫化物（以S^{2-}计）（mg/L）	≤	1		
9	全盐量（mg/L）	≤	1 000（非盐碱土地区），2 000（盐碱土地区）		
10	总铅（mg/L）	≤	0.2		
11	总镉（mg/L）	≤	0.01		

（续）

序号	项目类别		作物种类		
			水田作物	旱地作物	蔬菜
12	铬（六价）（mg/L）	≤	0.1		
13	总汞（mg/L）	≤	0.001		
14	总砷（mg/L）	≤	0.05	0.1	0.05
15	粪大肠菌群数（MPN/L）	≤	40 000	40 000	20 000[a]，10 000[b]
16	每10L蛔虫卵数（个）	≤	20		20[a]，10[b]

a 加工、烹调及去皮蔬菜。
b 生食类蔬菜、瓜类和草本水果。

表2 农用地土壤污染风险筛选值（基本项目）
（GB 15618—2018）

单位：mg/kg

序号	污染物项目[①][②]		风险筛选值			
			pH≤5.5	5.5<pH≤6.5	6.5<pH≤7.5	pH>7.5
1	镉	水田	0.3	0.4	0.6	0.8
		其他	0.3	0.3	0.3	0.6
2	汞	水田	0.5	0.5	0.6	1.0
		其他	1.3	1.8	2.4	3.4
3	砷	水田	30	30	25	20
		其他	40	40	30	25
4	铅	水田	80	100	140	240
		其他	70	90	120	170
5	铬	水田	250	250	300	350
		其他	150	150	200	250
6	铜	水田	150	150	200	200
		其他	50	50	100	100
7	镍		60	70	100	190
8	锌		200	200	250	300

①　重金属和类重金属砷均按元素总量计。

②　对于水旱轮作地，采用其中较严格的风险筛选值。

表3　环境空气污染物基本项目浓度限值
（GB 3095—2012）

序号	污染物项目	平均时间	浓度限值		单位
			一级	二级	
1	二氧化硫（SO_2）	年平均	20	60	$\mu g/m^3$
		24h平均	50	150	
		1h平均	150	500	
2	二氧化氮（NO_2）	年平均	40	40	
		24h平均	80	80	
		1h平均	200	200	
3	一氧化碳（CO）	24h平均	4	4	mg/m^3
		1h平均	10	10	
4	臭氧（O_3）	日最大8h平均	100	160	$\mu g/m^3$
		1h平均	160	200	
5	颗粒物（粒径≤10μm）	年平均	40	70	
		24h平均	50	150	
6	颗粒物（粒径≤25μm）	年平均	15	35	
		24h平均	35	75	

（二）绿色防控

在鲜食大豆的病虫害防控中，应优先选用农业防治、物理防治、生物防治等绿色防控措施。

1. 农业防治

选择抗病虫大豆品种，与非豆科作物轮作，避免重茬、迎茬，有条件的地区可实行水旱轮作。耕翻整地，深沟高垄，测土配方施基肥，增施充分腐熟的有机肥，及时清除杂草，加强肥水科学管理。

2. 物理防治

杀虫灯

尽量选择天敌友好型杀虫灯，大面积、连片使用效果最佳。按照产品说明安装，可根据实际地形、地貌设置，适当调整安装密度，不能过多、过密地安装杀虫灯。严格控制每天的开灯时段，以免在杀灭害虫的同时，对害虫的天敌也造成严重杀伤，破坏生态平衡。

色板

　　使用绿板和黄板对大豆蚜虫、蓟马等进行诱杀。要避免过多、过密悬挂色板，否则害虫的天敌也会被大量杀伤。色板拆除后妥善安置，防止污染环境。

人工防治

当害虫个体大小易于发现、群体较小，以及劳动力允许时，可进行人工捕杀。采用地膜覆盖、机械或人工方法去除杂草。

3. 生物防治

保护和利用害虫自然天敌

　　在草地螟和大豆食心虫产卵盛期，释放赤眼蜂。在田间释放瓢虫、草蛉等天敌捕食大豆蚜等害虫。选用微生物源农药和植物源农药，如苏云金杆菌等防治天蛾。

性诱剂诱杀

可使用潜叶蛾、斜纹夜蛾、果蝇等害虫的性诱剂诱捕害虫。性诱剂具有专一性，只对特定的害虫起作用，因此，要根据害虫的发生特点和规律，在害虫的防治适期选择特定的性诱捕器，并按照说明书安装使用。要根据说明书要求，及时更换性诱剂或性诱剂诱芯。

（三）合理用药

合理用药"三做到"

病虫害发生比较严重，农业防治、物理防治、生物防治等措施满足不了病虫害防控需要时，要科学合理地选择和使用化学农药进行病虫害的防治。

选对药：根据鲜食大豆病虫害发生种类和情况，选择合适的农药，对症下药，特别是在登记农药中选择高效低风险的农药。

合理用：把握好农药的使用要点，如最佳的使用时间(病虫害发生前期或初期)、使用方式等；提倡药剂轮换使用，以免害虫对农药抗性增强。

安全到：严格把控农药的使用量或使用浓度、使用次数和安全间隔期，确保鲜食大豆质量安全。

大豆上允许使用的农药清单

　　表4至表6分别列出了大豆上允许使用的杀虫剂、杀菌剂、除草剂和植物生长调节剂。此清单为大豆上登记农药，来源于中国农药信息网（网址：http://www.chinapesticide.org .cn/hysj/index.jhtml），最新大豆登记农药产品情况适用于本文件，国家新禁用的农药自动从本清单中删除。

表4　大豆上允许使用的杀虫剂

防治对象	农药通用名
食心虫	S-氰戊菊酯、倍硫磷、高效氯氟氰菊酯、氯虫苯甲酰胺、甲氰菊酯、辛硫磷、氯氰菊酯、马拉硫磷、氰戊菊酯、溴氰菊酯、亚胺硫磷
甜菜夜蛾	甲氨基阿维菌素苯甲酸盐、高效氯氰菊酯、辛硫磷
豆荚螟	氰戊菊酯、氯虫苯甲酰胺
蚜虫	甲氰菊酯、S-氰戊菊酯、吡虫啉、哒嗪硫磷、高效氯氟氰菊酯、氯氰菊酯、氰戊菊酯、噻虫嗪
造桥虫	噻虫嗪、高效氯氟氰菊酯、敌百虫
天蛾	苏云金杆菌

表5 大豆上允许使用的杀菌剂

防治对象	农药通用名
根腐病	苯醚甲环唑、吡唑醚菌酯、多菌灵、氟唑环菌胺、福美双、咯菌腈、萎锈灵、苯醚甲环唑、甲霜灵、精甲霜灵、宁南霉素
胞囊线虫病	多菌灵、福美双、吡唑醚菌酯、精甲霜灵
紫斑病	乙蒜素
叶斑病	嘧菌酯、吡唑醚菌酯、氟环唑、丙环唑
锈病	嘧菌酯、苯醚甲环唑、丙环唑
炭疽病	代森锰锌
立枯病	噁霉灵

表6　大豆上允许使用的除草剂和植物生长调节剂

农药类别	农药通用名
除草剂	2,4-滴异辛酯、2甲4氯异辛酯、丙炔氟草胺、噁草酸、噁草酮、二甲戊灵、氟吡甲禾灵、氟磺胺草醚、氟乐灵、高效氟吡甲禾灵、甲草胺、甲氧咪草烟、精吡氟禾草灵、精噁唑禾草灵、精喹禾灵、精异丙甲草胺、喹禾糠酯、喹禾灵、氯酯磺草胺、咪唑喹啉酸、咪唑乙烟酸、灭草松、灭草松钠盐、扑草净、嗪草酸甲酯、嗪草酮、乳氟禾草灵、噻吩磺隆、三氟羧草醚、双氯磺草胺、西草净、烯草酮、烯禾啶、乙草胺、乙羧氟草醚、乙氧氟草醚、异丙草胺、异丙甲草胺、异噁草松、仲丁灵、唑嘧磺草胺
植物生长调节剂	芸苔素内酯、24-表芸苔素内酯、22,23,24-表芸苔素内酯、28-表高芸苔素内酯、甲哌鎓、胺鲜酯、苯肽胺酸、多效唑、二氢卟吩铁、几丁聚糖、羟烯腺嘌呤、烯腺嘌呤、三十烷醇、萘乙酸、5-硝基邻甲氧基苯酚钠、对硝基苯酚钠、邻硝基苯酚钠、2,4-二硝基苯酚钠、α-萘乙酸钠、吲哚丁酸

（四）低温储运

1.储存

应有独立、安全、卫生的储存场所和设施。鲜食大豆采收后宜先置于冷库预冷，冷库储存温度宜为 0 ~ 2℃。储存库应实行专人管理，定期对库内温湿度等重要参数进行监测。做好储存库房的消毒。

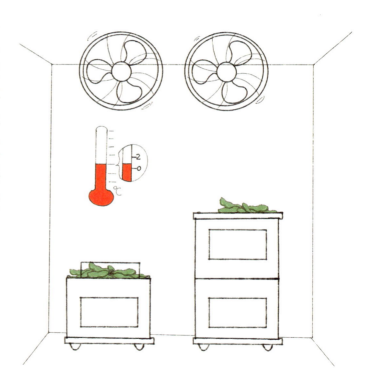

2. 运输

运输工具应清洁、无毒、无异味、无污染；应配备必要的保鲜、冷藏等设施；不与有毒、有害物质和其他农产品混装混运。运输中应防雨、防暴晒、防污染；运输中应轻装轻放，防止碰撞和挤压。

四、鲜食大豆生产八项管理措施

（一）品种选择

应根据基地环境、气候条件及种植季节等选择丰产性好、品质优、口感好、抗病性强、适应性强、生育期适宜、适合市场需求，并通过国家、省（自治区、直辖市）农作物品种审定委员会审定或引种备案的鲜食大豆优良品种。种子质量应符合GB 4404.2的要求，植物检疫合格。

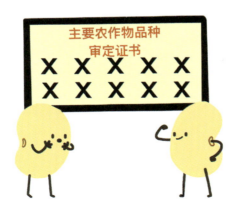

（二）水肥管理

1. 水分管理

应根据鲜食大豆的栽培方式、气候条件、灌溉条件等，适时排灌，防止旱涝。宜采用滴灌、喷灌、沟灌等灌溉方式。鲜食大豆整个生长期的适宜土壤田间持水量为60% ~ 70%。

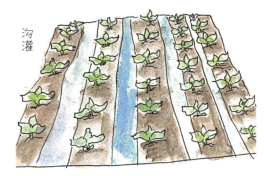

沟灌

滴灌

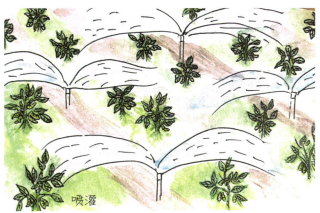

喷灌

2. 肥料管理

　　根据土壤肥力状况、鲜食大豆目标产量和品质要求，并考虑当地气候等因素确定合理施肥量。在鲜食大豆播种前、开花结荚期、鼓粒期等关键期施用适量肥料，宜化肥与有机肥相结合施用。

（三）采收

采收时确保使用的农药已过安全间隔期。

对不同生产区的产品予以分装并用标签区别标记。宜在鼓粒后期，全株上下各部位80%～85%以上豆荚饱满、荚色翠绿时采收。

宜避开高温时段，在晴天的清晨或阴天等气温较低时进行采收，采收时应保证豆荚的完整性。

（四）产品检验

检验要求

采收前应对鲜食大豆进行质量安全检验，有资质的单位可自行检验或委托其他有资质的单位检验，无检验资质的单位需委托具有资质的单位检验。产品检验合格后方可上市销售。

检验报告至少应保存两年。

正本

No: XXXXXXXXX

检 验 报 告

产品名称： XXXX
受检单位： XXXXXXXXXXXX
检验类别： 委托抽检
检验单位：XXXXXXXXXXXXXXXXXXXXXXXXXXXXX

合格证

　　相关企业、合作社、家庭农场等规模生产主体上市销售鲜食大豆产品时，应出具承诺达标合格证。

承诺达标合格证

我承诺对生产销售的食用农产品：

☑不使用禁用农药兽药、停用兽药和非法添加物
☑常规农药兽药残留不超标
☑对承诺的真实性负责

承诺依据：

☐委托检测　　　　☐自我检测
☐内部质量控制　　☑自我承诺

产品名称：xx
重量（数量）：xxx
产地：xxxxxxxxx
生产者：xxxxxxxxxxxxxxxx
开具人：xxxxxxxxxxxxx
联系方式：xxxxxxxxxx
开具日期：xxxx-xx-xx

 采购商使用"合规宝合格证"小程序的扫码索证功能扫描二维码即可索证索票，获取供应商资质证照和检测报告。各级经销商均可独立打印出具专属电子或标签合格证。
xxxxxxxx

承诺达标合格证

我承诺对生产销售的食用农产品：

■不使用禁限用农兽药、停用兽药和非法添加物
■常规农药兽药残留不超标
■对承诺的真实性负责

承诺依据：　☐委托检测 ☐自我检测
■自我承诺 ■内部质量控制

产品名称：XXXX
重（数）量：XXKG
产地：江西省/XX市/XX县
生产者：XXXXXXXXXX
开具人：XXXXXXXXXX
联系方式：XXXXXXXXXX
开具日期：XX-XX-XX
NO．XXXXXXXXXXXXXXXX

采购商请扫码索证索票，获取产品数据，建立追溯链条

（五）生产记录与产品追溯

生产记录

（1）详细记录主要农事活动，特别是农药和肥料的购买及使用情况(如名称、购买日期和购买地点、使用日期、使用量、使用方法、使用人员等)，并将相关记录保存两年以上。

（2）应记录上市鲜食大豆的销售日期、品种、数量及销售对象、联系电话等。

（3）禁止伪造生产记录，以便实现鲜食大豆的可溯源。

产品追溯

鼓励应用现代信息技术和网络技术，建立鲜食大豆追溯信息体系，将鲜食大豆生产、流通和销售等各节点信息互联互通，实现鲜食大豆产品从生产到餐桌的全程质量管控。

规模以上主体应纳入追溯平台，实现统一信息查询。

（六）分级

　　作业前操作者要做好清洁工作，分级包装时戴洁净的手套。剔除有锈斑、虫蛀、严重损伤或破裂、豆仁发育不良的豆荚，并根据鲜食大豆豆荚外观、颜色、整齐度、大小等进行分等分级。

（七）包装标识

操作规范

　　应有专用包装场所，内外环境应整洁、卫生，根据需要设置消毒、防尘、防虫、防鼠等设施和温湿度调节装置。操作人员应具有相应操作技能，能熟练地进行操作。操作时应符合安全、卫生的原则，防止在包装和标识过程中对鲜食大豆造成机械损伤和二次污染。

　　包装容器应清洁干燥、坚固耐压、无毒、无异味、无腐败变质现象。

标识

　　产品包装标识应符合《蔬菜包装标识通用准则》（NY/T 1655）的有关规定。应标明产品的品名、产地、生产者、产地编号、生产日期、认证标识、等级、规格、储存条件及方法等内容。标识应字迹清晰、容易辨认、完整无缺、不易褪色或掉落。

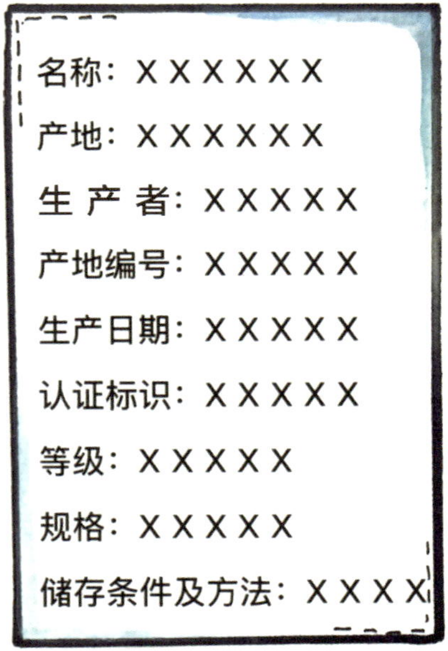

名称：×××××

产地：×××××

生　产　者：×××××

产地编号：×××××

生产日期：×××××

认证标识：×××××

等级：×××××

规格：×××××

储存条件及方法：××××

（八）田园清洁

采收结束后及时清园，收集残株、秸秆集中处理或回收利用，减少病虫来源，防止病虫害传播。

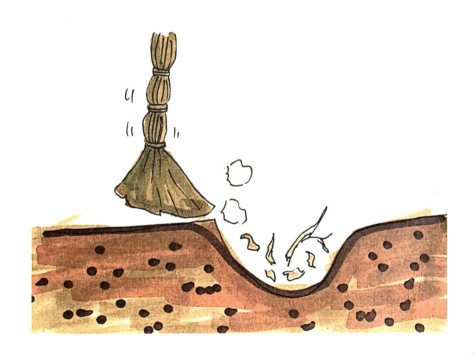

五、鲜食大豆生产投入品管理

（一）农资采购

农资采购做到"三要三不要"。

一要看证照

要到证照齐全、信誉良好的合法经营农资商店购买，不要从流动商贩和无农药经营许可证的农资商店购买。

二要看标签

　　要认真查看产品包装和标签标识上的农药名称、有效成分及含量、剂型、农药登记证号、农药生产许可证号或农药生产批准文件号、产品标准号、企业名称及联系方式、生产日期、产品批号、有效期、用途、使用技术和使用方法、毒性等事项，查验产品质量合格证。不要盲目轻信广告宣传和商家的推荐。

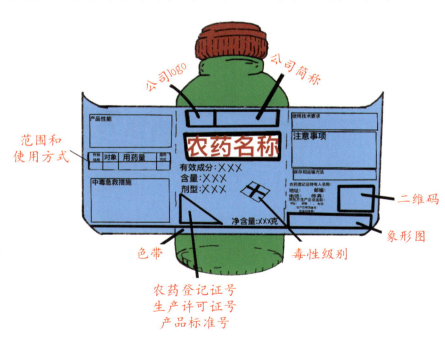

三要索取票据

　　要向农资经营者索要销售凭证，并连同产品包装物、标签等妥善保存好，以备出现质量等问题时作为索赔依据。不要接受未注明品种、名称、数量、价格及销售者的字据或收条。

（二）农资存放

　　仓库应有专人管理，应有入库、出库和领用记录。应设置专门的农业投入品仓库，仓库应清洁、干燥、安全，有相应的标识，并配备通风、防潮、防火、防爆、防虫、防鼠和防鸟等设施。不同种类的农业投入品应分区存放；农药可以根据不同防治对象分区存放并清晰标识，避免拿错。危险品应有危险警告标识，有专人管理，并有进出库和领用记录。

（三）农资使用

　　为保障操作者身体安全，特别是预防农药中毒，操作者作业时须配备保护装备，如帽子、保护眼罩、口罩、手套、防护服等。

　　身体不适时，不宜喷洒农药。农药喷洒前后，不宜饮酒。

　　喷洒农药后，若出现呼吸困难、呕吐、抽搐等症状时应及时就医，并准确告诉医生喷洒农药的名称及种类。

（四）废弃物处置

剩余药液或过期的药液，应妥善收集和处理，不得随意丢弃；农药使用后的包装物（空农药瓶、农药袋等）应收集后转运至农药废弃包装物回收网点，由专业单位进行无害化处理。

（五）保存记录

保留农药购买和使用记录，购买记录包括：农药的生产企业名称、产品名称、有效成分及含量、登记证号、经营单位、购买人、购买记录。

农药购买记录表

产品名称	主要成分	数量	产品批准登记号	规格	生产单位	经营单位	购买人	购买记录
备注								

使用记录包括：农药的生产企业名称、产品名称、有效成分及含量、防治对象、使用时间、使用地点、稀释倍数、使用方法、安全间隔期以及使用人员等信息。

农药使用记录表

基地名称					技术员			
种植品种					种植时间			
区块编号					面积（亩）			
日期	防治对象	农药名称	生产厂家	成分含量	稀释倍数	施用方法	安全间隔期	使用人
备注								

六、产品认证

应积极实施产品认证，申请绿色食品、有机食品和农产品地理标志产品认证，实施品牌化经营。

绿色食品

绿色食品是指产自优良生态环境、按照绿色食品标准生产、实行全程质量控制并获得绿色食品标志使用权的安全、优质食用农产品及相关产品。

有机食品

　　有机食品也叫生态或生物食品等。有机食品是国际上对无污染天然食品比较统一的提法。有机食品通常来自有机农业生产体系，根据国际有机农业生产要求和相应的标准生产加工。

农产品地理标志

　　农产品地理标志是指标示农产品来源于特定地域，产品品质和相关特征主要取决于自然生态环境和历史人文因素，并以地域名称冠名的特有农产品标志。

附　　录

附录1　农药基本知识

　　农药，是指用于预防、控制危害农业、林业的病、虫、草、鼠和其他有害生物以及有目的地调节植物、昆虫生长的化学合成或者来源于生物、其他天然物质的一种物质或者几种物质的混合物及其制剂。

杀虫剂

　　主要用来防治农、林、卫生、储粮及畜牧等方面的害虫。

杀菌剂

　　对引起植物病害的真菌、细菌或病毒等病原具有杀灭作用或抑制作用，用于预防或防治作物的各种病害的药剂。

除草剂

用来杀灭或控制杂草生长的农药。

植物生长调节剂

人工合成的对植物生长发育有调节作用的化学物质或从生物中提取的天然植物激素。

农药毒性分级及其标识

农药毒性分为剧毒、高毒、中等毒、低毒和微毒5个级别。

级别	对大鼠经口半数致死剂量（mg/kg）	对大鼠经皮半数致死剂量（mg/kg）	对大鼠吸入半数致死浓度（mg/m³）	产品标签应标注的黑色标识和红色描述文字
剧毒	≤ 5	≤ 20	≤ 20	剧毒
高毒	> 5 ～ 50	> 20 ～ 200	> 20 ～ 200	高毒
中等毒	> 50 ～ 500	> 200 ～ 2 000	> 200 ～ 2 000	中等毒
低毒	> 500 ～ 5 000	> 2 000 ～ 5 000	> 2 000 ～ 5 000	低毒
微毒	> 5 000	> 5 000	> 5 000	微毒

资料来源：农业农村部农药检定所。

安全使用农药象形图

　　象形图应当根据产品实际使用的操作要求和顺序排列，包括储存象形图、操作象形图、忠告象形图、警告象形图。

储存象形图

　　放在儿童接触不到的地方，并加锁。

操作象形图

配制液体农药时，……。 　　　　配制固体农药时，……。 　　喷药时，……。

忠告象形图

戴手套 　　　戴防护罩 　　　戴防毒面具

用药后需清洗 　　　戴口罩 　　　穿胶靴

警告象形图

危险/
对家畜有害

危险/
对鱼有害，不要污染湖泊、河流、池塘和小溪

附录2　鲜食大豆生产中禁止使用的农药清单

　　《农药管理条例》规定，农药生产应取得农药登记证和生产许可证，农药经营应取得经营许可证，农药使用应按照标签规定的使用范围、安全间隔期用药，不得超范围用药。剧毒、高毒农药不得用于防治卫生害虫，不得用于蔬菜、瓜果、茶叶、菌类、中草药材的生产。

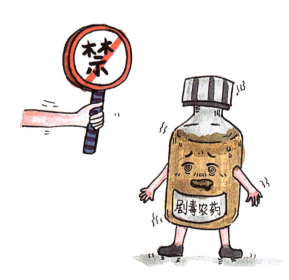

根据中华人民共和国农业部公告第199号、第322号、第632号、第1157号、第1586号、第2032号、第2445号和第2552号，农业农村部公告第148号，农业部、工业和信息化部、国家质量监督检验检疫总局公告第1745号，《关于禁止生产、流通、使用和进出口林丹等持久性有机污染物的公告》（公告2019年第10号）等规定，以下农药禁止在鲜食大豆上使用[*]：

六六六、滴滴涕、毒杀芬、二溴氯丙烷、杀虫脒、二溴乙烷、除草醚、艾氏剂、狄氏剂、汞制剂、砷类、铅类、敌枯双、氟乙酰胺、甘氟、毒鼠强、氟乙酸钠、毒鼠硅、甲胺磷、对

---

[*]　国家新禁用农药自动录入。

硫磷、甲基对硫磷、久效磷、磷胺、苯线磷、地虫硫磷、甲基硫环磷、磷化钙、磷化镁、磷化锌、硫线磷、蝇毒磷、治螟磷、特丁硫磷、氯磺隆、胺苯磺隆、甲磺隆、福美胂、福美甲胂、三氯杀螨醇、林丹、硫丹、溴甲烷、氟虫胺、杀扑磷、百草枯、2,4-滴丁酯、甲拌磷、甲基异柳磷、水胺硫磷、灭线磷、克百威、氧乐果、灭多威、涕灭威、内吸磷、硫环磷、氯唑磷、乙酰甲胺磷、丁硫克百威、乐果、毒死蜱、三唑磷、氟虫腈。

附录3　我国鲜食大豆农药最大残留限量

我国鲜食大豆农药最大残留限量
（GB 2763—2021，GB 2763.1—2022）

序号	农药中文名称	农药英文名称	类别	最大残留限量（mg/kg）	食品类别/名称
1	2, 4-滴异辛酯	2, 4-D-ethylhexyl	除草剂	0.05*	菜用大豆
2	阿维菌素	abamectin	杀虫剂	0.05	菜用大豆
3	胺苯磺隆	ethametsulfuron	除草剂	0.01	豆类蔬菜
4	胺鲜酯	diethyl aminoethyl hexanoate	植物生长调节剂	0.05*	菜用大豆
5	巴毒磷	crotoxyphos	杀虫剂	0.02*	豆类蔬菜
6	百草枯	paraquat	除草剂	0.05*	豆类蔬菜
7	百菌清	chlorothalonil	杀菌剂	2	菜用大豆
8	保棉磷	azinphos-methyl	杀虫剂	0.5	蔬菜
9	倍硫磷	fenthion	杀虫剂	0.2	菜用大豆
10	苯嘧磺草胺	saflufenacil	除草剂	0.01*	豆类蔬菜

（续）

序号	农药中文名称	农药英文名称	类别	最大残留限量(mg/kg)	食品类别/名称
11	苯线磷	fenamiphos	杀虫剂	0.02	豆类蔬菜
12	吡虫啉	imidacloprid	杀虫剂	0.1	菜用大豆
13	吡氟禾草灵和精吡氟禾草灵	fluazifop and fluazifop-P-butyl	除草剂	15	荚不可食豆类蔬菜
14	吡噻菌胺	penthiopyrad	杀菌剂	0.3*	豆类蔬菜
15	丙酯杀螨醇	chloropropylate	杀虫剂	0.02*	豆类蔬菜
16	草铵膦	glufosinate-ammonium	除草剂	0.05*	菜用大豆
17	草枯醚	chlornitrofen	除草剂	0.01*	豆类蔬菜
18	草芽畏	2, 3, 6-TBA	除草剂	0.01*	豆类蔬菜
19	代森锰锌	mancozeb	杀菌剂	0.3	菜用大豆
20	敌百虫	trichlorfon	杀虫剂	0.1	菜用大豆
21	敌敌畏	dichlorvos	杀虫剂	0.2	豆类蔬菜
22	地虫硫磷	fonofos	杀虫剂	0.01	豆类蔬菜
23	丁硫克百威	carbosulfan	杀虫剂	0.01	豆类蔬菜

（续）

序号	农药中文名称	农药英文名称	类别	最大残留限量 (mg/kg)	食品类别/名称
24	啶虫脒	acetamiprid	杀虫剂	0.3	荚不可食豆类蔬菜（蚕豆除外）
25	啶酰菌胺	boscalid	杀菌剂	3	豆类蔬菜
26	毒虫畏	chlorfenvinphos	杀虫剂	0.01	豆类蔬菜
27	毒菌酚	hexachlorophene	杀菌剂	0.01*	豆类蔬菜
28	毒死蜱	chlorpyrifos	杀虫剂	0.02	豆类蔬菜（食荚豌豆除外）
29	对硫磷	parathion	杀虫剂	0.01	豆类蔬菜
30	多菌灵	carbendazim	杀菌剂	0.2	菜用大豆
31	多杀霉素	spinosad	杀虫剂	0.3*	豆类蔬菜
32	多效唑	paclobutrazol	植物生长调节剂	0.05	菜用大豆
33	噁草酮	oxadiazon	除草剂	0.05	菜用大豆
34	二溴磷	naled	杀虫剂	0.01*	豆类蔬菜
35	氟苯虫酰胺	flubendiamide	杀虫剂	2	豆类蔬菜

（续）

序号	农药中文名称	农药英文名称	类别	最大残留限量 (mg/kg)	食品类别/名称
36	氟吡呋喃酮	flupyradifurone	杀虫剂	0.2*	荚不可食豆类蔬菜（豌豆除外）
37	氟吡菌酰胺	fluopyram	杀菌剂	0.2*	荚不可食豆类蔬菜
38	氟虫腈	fipronil	杀虫剂	0.02	豆类蔬菜
39	氟除草醚	fluoronitrofen	除草剂	0.01*	豆类蔬菜
40	氟环唑	epoxiconazole	杀菌剂	2	菜用大豆
41	氟噻虫砜	fluensulfone	杀线虫剂	0.1*	豆类蔬菜
42	氟酰脲	novaluron	杀虫剂	0.01	菜用大豆
43	氟唑菌酰胺	fluxapyroxad	杀菌剂	0.5*	菜用大豆
44	咯菌腈	fludioxonil	杀菌剂	0.05	菜用大豆
45	格螨酯	2, 4-dichlorophenyl benzenesulfonate	杀螨剂	0.01*	豆类蔬菜
46	庚烯磷	heptenophos	杀虫剂	0.01*	豆类蔬菜
47	环螨酯	cycloprate	杀螨剂	0.01*	豆类蔬菜

（续）

序号	农药中文名称	农药英文名称	类别	最大残留限量(mg/kg)	食品类别/名称
48	甲氨基阿维菌素苯甲酸盐	emamectin benzoate	杀虫剂	0.1	菜用大豆
49	甲胺磷	methamidophos	杀虫剂	0.05	豆类蔬菜
50	甲拌磷	phorate	杀虫剂	0.01	豆类蔬菜
51	甲磺隆	metsulfuron-methyl	除草剂	0.01	豆类蔬菜
52	甲基对硫磷	parathion-methyl	杀虫剂	0.02	豆类蔬菜
53	甲基硫环磷	posfolan-methyl	杀虫剂	0.03*	豆类蔬菜
54	甲基异柳磷	isofenphos-methyl	杀虫剂	0.01*	豆类蔬菜
55	甲萘威	carbaryl	杀虫剂	1	豆类蔬菜
56	甲霜灵和精甲霜灵	metalaxyl and metalaxyl-M	杀菌剂	0.05	菜用大豆
57	甲羧除草醚	bifenox	除草剂	0.1	菜用大豆
58	甲氧虫酰肼	methoxyfenozide	杀虫剂	0.3	豆类蔬菜（食荚豌豆除外）

（续）

序号	农药中文名称	农药英文名称	类别	最大残留限量(mg/kg)	食品类别/名称
59	甲氧滴滴涕	methoxychlor	杀虫剂	0.01	豆类蔬菜
60	久效磷	monocrotophos	杀虫剂	0.03	豆类蔬菜
61	抗蚜威	pirimicarb	杀虫剂	0.7	豆类蔬菜
62	克百威	carbofuran	杀虫剂	0.02	豆类蔬菜
63	喹禾糠酯	quizalofop-P-tefuryl	除草剂	0.1*	菜用大豆
64	喹禾灵和精喹禾灵	quizalofop-ethyl and quizalofop-P-ethyl	除草剂	0.2*	菜用大豆
65	乐果	dimethoate	杀虫剂	0.01	豆类蔬菜
66	乐杀螨	binapacryl	杀螨剂、杀菌剂	0.05*	豆类蔬菜
67	联苯肼酯	bifenazate	杀螨剂	7	豆类蔬菜
68	磷胺	phosphamidon	杀虫剂	0.05	豆类蔬菜
69	硫丹	endosulfan	杀虫剂	0.05	豆类蔬菜

（续）

序号	农药中文名称	农药英文名称	类别	最大残留限量 (mg/kg)	食品类别/名称
70	硫环磷	phosfolan	杀虫剂	0.03	豆类蔬菜
71	硫线磷	cadusafos	杀虫剂	0.02	豆类蔬菜
72	螺虫乙酯	spirotetramat	杀虫剂	1.5*	豆类蔬菜（豇豆、菜豆除外）
73	氯苯甲醚	chloroneb	杀菌剂	0.01	豆类蔬菜
74	氯虫苯甲酰胺	chlorantraniliprole	杀虫剂	2*	菜用大豆
75	氯氟氰菊酯和高效氯氟氰菊酯	cyhalothrin and lambda-cyhalothrin	杀虫剂	0.2	豆类蔬菜
76	氯磺隆	chlorsulfuron	除草剂	0.01	豆类蔬菜
77	氯菊酯	permethrin	杀虫剂	1	豆类蔬菜（食荚豌豆除外）
78	氯氰菊酯和高效氯氰菊酯	cypermethrin and beta-cypermethrin	杀虫剂	0.7	豆类蔬菜（豇豆、菜豆、食荚豌豆、扁豆、蚕豆、豌豆除外）

（续）

序号	农药中文名称	农药英文名称	类别	最大残留限量 (mg/kg)	食品类别/名称
79	氯酞酸	chlorthal	除草剂	0.01*	豆类蔬菜
80	氯酞酸甲酯	chlorthal-dimethyl	除草剂	0.01	豆类蔬菜
81	氯酯磺草胺	cloransulam-methyl	除草剂	0.02	菜用大豆
82	氯唑磷	isazofos	杀虫剂	0.01	豆类蔬菜
83	茅草枯	dalapon	除草剂	0.01*	豆类蔬菜
84	嘧菌环胺	cyprodinil	杀菌剂	0.5	豆类蔬菜（荚可食类豆类蔬菜除外）
85	嘧菌酯	azoxystrobin	杀菌剂	3	豆类蔬菜
86	灭草环	tridiphane	除草剂	0.05*	豆类蔬菜
87	灭草松	bentazone	除草剂	0.01*	荚不可食豆类蔬菜（豌豆、利马豆除外）
88	灭多威	methomyl	杀虫剂	0.2	豆类蔬菜
89	灭螨醌	acequinocyl	杀螨剂	0.01	豆类蔬菜

（续）

序号	农药中文名称	农药英文名称	类别	最大残留限量 (mg/kg)	食品类别/名称
90	灭线磷	ethoprophos	杀线虫剂	0.02	豆类蔬菜
91	内吸磷	demeton	杀虫剂、杀螨剂	0.02	豆类蔬菜
92	扑草净	prometryn	除草剂	0.05	菜用大豆
93	氰霜唑	cyazofamid	杀菌剂	0.07	荚不可食豆类蔬菜
94	氰戊菊酯和 S-氰戊菊酯	fenvalerate and esfenvalerate	杀虫剂	2	菜用大豆
95	噻虫胺	clothianidin	杀虫剂	0.01	豆类蔬菜
96	噻虫嗪	thiamethoxam	杀虫剂	0.01	荚不可食豆类蔬菜
97	三氟硝草醚	fluorodifen	除草剂	0.01*	豆类蔬菜
98	三氯杀螨醇	dicofol	杀螨剂	0.01	豆类蔬菜
99	三唑磷	triazophos	杀虫剂	0.05	豆类蔬菜
100	杀虫脒	chlordimeform	杀虫剂	0.01	豆类蔬菜
101	杀虫畏	tetrachlorvinphos	杀虫剂	0.01	豆类蔬菜

（续）

序号	农药中文名称	农药英文名称	类别	最大残留限量 (mg/kg)	食品类别/名称
102	杀螟硫磷	fenitrothion	杀虫剂	0.5	豆类蔬菜
103	杀扑磷	methidathion	杀虫剂	0.05	豆类蔬菜
104	双氯磺草胺	diclosulam	除草剂	0.5	菜用大豆
105	水胺硫磷	isocarbophos	杀虫剂	0.05	豆类蔬菜
106	速灭磷	mevinphos	杀虫剂、杀螨剂	0.01	豆类蔬菜
107	特丁硫磷	terbufos	杀虫剂	0.01*	豆类蔬菜
108	特乐酚	dinoterb	除草剂	0.01*	豆类蔬菜
109	涕灭威	aldicarb	杀虫剂	0.03	豆类蔬菜
110	萎锈灵	carboxin	杀菌剂	0.2	菜用大豆
111	戊硝酚	dinosam	杀虫剂、除草剂	0.01*	豆类蔬菜
112	烯草酮	clethodim	除草剂	0.5	豆类蔬菜
113	烯虫炔酯	kinoprene	杀虫剂	0.01*	豆类蔬菜
114	烯虫乙酯	hydroprene	杀虫剂	0.01*	豆类蔬菜

（续）

序号	农药中文名称	农药英文名称	类别	最大残留限量 (mg/kg)	食品类别/名称
115	烯酰吗啉	dimethomorph	杀菌剂	0.7	荚不可食豆类蔬菜
116	消螨酚	dinex	杀螨剂、杀虫剂	0.01*	豆类蔬菜
117	辛硫磷	phoxim	杀虫剂	0.05	豆类蔬菜
118	溴甲烷	methyl bromide	熏蒸剂	0.02*	豆类蔬菜
119	溴氰虫酰胺	cyantraniliprole	杀虫剂	0.3*	荚不可食豆类蔬菜
120	溴氰菊酯	deltamethrin	杀虫剂	0.2	豆类蔬菜
121	氧乐果	omethoate	杀虫剂	0.02	豆类蔬菜
122	乙蒜素	ethylicin	杀菌剂	0.1*	菜用大豆
123	乙酰甲胺磷	acephate	杀虫剂	0.02	豆类蔬菜
124	乙酯杀螨醇	chlorobenzilate	杀螨剂	0.01	豆类蔬菜
125	异丙草胺	propisochlor	除草剂	0.1*	菜用大豆

（续）

序号	农药中文名称	农药英文名称	类别	最大残留限量(mg/kg)	食品类别/名称
126	异丙甲草胺和精异丙甲草胺	metolachlor and S-metolachlor	除草剂	0.1	菜用大豆
127	异噁草酮	clomazone	除草剂	0.05	菜用大豆
128	异菌脲	iprodione	杀菌剂	2	菜用大豆
129	抑草蓬	erbon	除草剂	0.05*	豆类蔬菜
130	茚草酮	indanofan	除草剂	0.01*	豆类蔬菜
131	蝇毒磷	coumaphos	杀虫剂	0.05	豆类蔬菜
132	治螟磷	sulfotep	杀虫剂	0.01	豆类蔬菜
133	仲丁灵	butralin	除草剂	0.05	菜用大豆
134	艾氏剂	aldrin	杀虫剂	0.05	豆类蔬菜
135	滴滴涕	DDT	杀虫剂	0.05	豆类蔬菜
136	狄氏剂	dieldrin	杀虫剂	0.05	豆类蔬菜
137	毒杀芬	camphechlor	杀虫剂	0.05*	豆类蔬菜
138	六六六	HCH	杀虫剂	0.05	豆类蔬菜

（续）

序号	农药中文名称	农药英文名称	类别	最大残留限量 (mg/kg)	食品类别/名称
139	氯丹	chlordane	杀虫剂	0.02	豆类蔬菜
140	灭蚁灵	mirex	杀虫剂	0.01	豆类蔬菜
141	七氯	heptachlor	杀虫剂	0.02	豆类蔬菜
142	异狄氏剂	endrin	杀虫剂	0.05	豆类蔬菜
143	苯肽胺酸	phthalanillic acid	植物生长调节剂	2*	菜用大豆
144	噁草酸	propaquizafop	除草剂	0.2*	菜用大豆
145	精噁唑禾草灵	fenoxaprop-P-ethyl	除草剂	0.2	菜用大豆

* 该限量为临时限量。

主 要 参 考 文 献

董友魁，付连舜，单维奎，2014.辽宁省鲜食大豆产业发展的可行性分析 [J]. 大豆科技 (3): 11-13.

国家市场监督管理总局，生态环境部，2021. 农田灌溉水质标准：GB 5084—2021[S].北京：中国标准出版社.

国家质量监督检验检疫总局，国家标准化管理委员会，2010a.粮食作物种子 第2部分：豆类：GB 4404.2—2010[S].北京：中国标准出版社.

国家质量监督检验检疫总局，国家标准化管理委员会，2010b.新鲜蔬菜贮藏与运输准则：GB/T 26432—2010[S].北京：中国标准出版社.

环境保护部，国家质量监督检验检疫总局，2012. 环境空气质量标准：GB 3095—2012 [S].北京：中国标准出版社.

刘鲲鹏，何伟民，2012.鲜食大豆优质高产栽培技术[J].安徽农学通报（下半月刊），18(12): 86-87.

南通市农业新技术推广协会，2021.鲜食大豆绿色标准化生产技术规程：T/NANTEA 0006—2021[S].

农业部，2008.蔬菜包装标识通用准则：NY/T 1655—2008[S].北京：中国农业出版社.

农业农村部, 2020a.豆类蔬菜贮藏保鲜技术规程: NY/T 1202—2020[S].北京: 中国农业
　　出版社.

农业农村部, 2020b. 鲜食大豆品种品质: NY/T 3705—2020[S].北京: 中国农业出版社.

生态环境部, 2018.土壤环境质量 农用地土壤污染风险管控标准（试行）: GB 15618—
　　2018 [S].北京: 中国标准出版社.

施立善, 江红英, 杨晖, 等, 2005.鲜食大豆优质高产栽培技术[J].大豆通报(1): 16-17.

夏云, 石兴涛, 季晓群, 2014.鲜食大豆优质高产栽培技术[J].上海农业科技(1): 78, 25.

张古文, 张胜, 林太赟, 等, 2022.优质高产鲜食大豆新品种浙农秋丰2号的选育及栽培
　　技术[J].大豆科学, 41(5): 628-631.

张建模, 陈正东, 吴宏春, 等, 2008.鲜食大豆优质高产栽培技术[J].现代农业科技(6): 15-16.

赵志刚, 连金番, 姬月梅, 等, 2020.宁夏灌区鲜食菜用大豆优质高产栽培技术[J].宁夏农
　　林科技, 61(6): 11-13.

浙江省绿色农产品协会, 2021.绿色食品 鲜食大豆生产技术规范: T/ZLX 015—2021[S].

中华人民共和国农业部, 2007.农药安全使用规范 总则: NY/T 1276—2007 [S].北京: 中
　　国农业出版社.

Chen Z, Zhong W, Zhou Y, et al., 2022. Integrative analysis of metabolome and transcriptome
　　reveals the improvements of seed quality in vegetable soybean (*Glycine max* (L.) Merr.)[J].
　　Phytochemistry, 27: 113216.